AF314623

LETTRE

SUR

L'ENQUÊTE AGRICOLE

PAR

M. TRÉMOULET,

NOTAIRE A VILLENEUVE.

VILLENEUVE-SUR-LOT,

IMPRIMERIE X. DUTEIS, RUE GALAUP, 38.

1866.

A MM. LES PRÉSIDENTS ET MEMBRES

DES COMICES AGRICOLES

DU DÉPARTEMENT DE LOT-ET-GARONNE.

On va bientôt procéder à l'Enquête Agricole. Elle se fera dans des conditions inusitées jusqu'ici : tout le monde sera entendu. Les plus humbles cultivateurs pourront présenter leurs observations et elles seront accueillies avec déférence.

Mais de simples cultivateurs seront-ils en mesure de profiter d'une aussi précieuse occasion ? Il est permis d'en douter. Ils ont besoin d'être stimulés, d'être dirigés. C'est ce qui m'a déterminé à leur soumettre quelques observations et, dans l'impossibilité de m'adresser à chacun d'eux, c'est à vous, Messieurs, qui représentez leurs intérêts, qui d'ailleurs avez toujours accueilli avec empressement ceux d'entr'eux qui ont voulu se joindre à vous, que j'ai pris le parti de les adresser.

Il ne faudra pas néanmoins perdre de vue pour expliquer quelques parties de ce travail que, dans ma pensée, c'est aux cultivateurs directement que je m'adresse.

I.

Parmi les questions dont on s'occupera, les plus importantes sont celles qui se rapporteront au Crédit agricole. C'est sur ce point que je viens appeler votre attention ; puisqu'on doit vous consulter, il faut préalablement vous former une opinion, connaître l'étendue du mal pour fournir des renseignements à ceux qui sont chargés de trouver et d'appliquer le remède.

Et il faut songer que vous n'obtiendrez de résultats à cet égard que par votre énergie et votre persévérance. Certes ce ne sont point les sympathies qui manquent à l'agriculture ; tout le monde est d'avis qu'elle est la première de toutes les industries, la source du commerce, la richesse de l'Etat, etc., etc. Mais plus on prononce de beaux discours en sa faveur, moins on se croit tenu de s'en occuper ensuite. Si on fait quelque chose pour l'agriculture, l'agriculture en profite bien rarement et les choses finissent toujours par s'arranger de façon que non seulement elle n'en profite pas, mais que tout tourne à son détriment.

Le Crédit Foncier a été institué pour venir en aide à l'agriculture, c'est incontestable. Du reste, pour s'en convaincre, on n'a qu'à lire les rapports et les discussions qui ont préparé l'établissement de cette institution. On l'a comblée de faveurs, on lui a accordé des subventions, on a établi pour elle une législation spéciale, et cependant il est bien prouvé aujourd'hui que l'agriculture n'en a pas retiré le plus petit avantage. Tout a tourné au profit de l'industrie et de la spéculation.

On a réclamé contre ce résultat et, pour faire droit à ces réclamations, on a institué le Crédit Agricole. La bonne intention était encore ici évidente, c'était au profit de l'agriculture seule que la nouvelle institution devait fonctionner. Les résultats ont été exactement les mêmes que pour le Crédit Foncier, l'industrie et la spéculation en ont seules profité. Dans la plupart des départements, le Crédit Agricole, pas plus que le Crédit Foncier, n'a pas fait une seule opération.

Lors de la crise financière de l'année dernière, de vives réclamations s'élevèrent contre le monopole de la Banque de France. Une commission composée du Conseil supérieur du commerce, de l'*Agriculture* et des Travaux Publics fut chargée de faire une enquête sur les principes et les faits généraux qui agissent sur la circulation monétaire en France. Cette commission s'est mise à l'œuvre et a publié un programme de ses travaux comprenant 42 points. Croirait-on qu'aucun d'eux, de près ou de loin, n'a trait à la circulation monétaire dans les campagnes et qu'on a procédé absolument comme si en France il n'y avait pas d'agriculteurs?

Ces faits, si en désaccord avec les paroles, démontrent surabondamment que si l'Agriculture éprouve le besoin d'améliorations un peu sérieuses, elle doit prendre énergiquement l'initiative et ne compter que sur elle pour les obtenir.

L'enquête sur l'Agriculture nous fournit une occasion précieuse, c'est à nous à ne pas la laisser échapper. Du reste le meilleur moyen de reconnaître la bonne pensée qui a inspiré cette mesure, c'est d'y concourir activement et de tâcher par tous les moyens possibles de la rendre féconde.

II.

La première amélioration à apporter à la situation du propriétaire consiste à rendre son droit de propriété évident et incontestable. Il en résultera d'abord pour lui une plus grande tranquillité d'esprit, première condition d'un utile travail ; ensuite, s'il a besoin, dans une mauvaise année, de contracter un emprunt, en établissant clairement sa situation, il trouvera facilement à emprunter ce qui lui est nécessaire ; si, au contraire, l'année a été bonne pour lui, s'il a fait des économies, il pourra à son tour, sans courir le moindre risque, venir en aide à ses voisins moins fortunés.

C'est donc une question de constitution de propriété et de régime hypothécaire que je viens vous soumettre. De l'avis de tout ceux qui ont écrit sur ces matières, ce sont là des questions très ardues : tout y est sujet de controverse. Elles furent soumises en 1840 aux cours royales et aux facultés de droit ; il n'existe pas un point sur lequel elles aient pu se mettre d'accord.

On peut donc trouver bien étrange au premier abord, la pensée de soumettre à des propriétaires, à de simples cultivateurs, une question de droit, qui divise et embarrasse les jurisconsultes. C'est une prévention, il suffit d'un léger examen pour la détruire.

Pour juger d'une science il n'est pas besoin d'être soi-même un savant. On peut recourir dans ce cas à une double épreuve.

L'intelligence de l'homme ne saisit pas d'intuition l'ensemble des principes et des faits qui constituent une science : Elle procède lentement du connu à l'inconnu. Mais pour que sa marche soit assurée, il faut que le point de départ, le principe fondamental soit de la dernière évidence et à l'abri de toute discussion. Ainsi le point de départ des sciences mathématiques consiste en des propositions d'une clarté et d'une évidence absolues.

Si nous pouvons juger que le principe ou le point de départ d'une théorie scientifique est contestable ou douteux, il y aura bien des probabilités pour que la théorie soit fausse.

La seconde épreuve consiste à juger d'une science d'après ses résultats. Ainsi peu d'entre vous sont familiarisés avec les notions de la plus sublime des sciences physiques, l'astronomie;

mais une éclipse est annoncée et le phénomène se produit à l'instant indiqué, avec une exactitude merveilleuse; vous en concluez avec confiance et admiration que la science qui permet d'obtenir de pareils résultats est fondée sur la vérité.

Vous achetez une montre, elle marche d'une manière irrégulière ou même s'arrête complètement. Vous êtes hors d'état de construire une montre, mais vous dites avec certitude, qu'elle est mal construite, qu'elle renferme un vice caché.

Nous allons appliquer cette méthode d'examen à deux points de notre législation : aux hypothèques légales et à la constitution de la propriété.

Le législateur s'est occupé d'une manière toute spéciale des intérêts des mineurs et des femmes mariées et il a eu parfaitement raison. Seulement le moyen dont il s'est servi pour les protéger peut paraître singulier à ceux qui ne sont pas familiarisés avec les subtilités de la science du droit. Trouvant que ce serait pour eux un embarras de prendre quelques précautions, il les a dispensés d'en prendre aucune. Les femmes mariées et les mineurs ont en effet une hypothèque; mais, contrairement à ce qui a lieu pour les autres créanciers, ils ne sont point tenus de la faire inscrire au bureau et se trouvent néanmoins au premier rang.

Je suppose que vous ayez arrêté une place à la diligence, que vous soyez inscrit sur la feuille et qu'au moment de partir, ou même dans le cours du voyage, on vous oblige à descendre pour céder votre place à une femme qui n'aura pas retenu sa place et ne se sera point faite inscrire. Vous serez incontestablement choqué de ce procédé, vous le trouverez injuste et violent. Tout en reconnaissant que des égards et des protections spéciales sont dues aux femmes, vous ne pourrez vous empêcher de penser qu'il eût mieux valu les assujettir à la loi commune en prenant quelques précautions pour leur en éviter les embarras et les ennuis. Cela eût mieux valu incontestablement pour vous, et cela vaudrait même mieux pour elles, car on leur éviterait ainsi des conflits désagréables où elles ne sont pas toujours sûres de triompher.

Voyons maintenant la constitution de la propriété.

Il n'existe pas pour elle de preuve directe et positive.

Ainsi, je suppose, je veux vendre ma propriété ou l'hypothéquer pour garantir un emprunt.

Le notaire me demandera tout d'abord de prouver
que j'en suis propriétaire et la loi ne m'en fournit
pas le moyen. Je produirai, par exemple, un
contrat d'acquisition, mais la preuve que je me
suis rendu acquéreur, n'est pas la preuve que
je suis propriétaire. Je prouverai ainsi que mon
droit a pris naissance, mais je ne prouverai
nullement que ce droit existe. Il y a entre ce
que je prouve et ce que je dois prouver toute
la différence qui sépare l'acte de naissance du
certificat de vie.

Cette méthode vous paraîtra d'autant moins
rationnelle que si, au lieu d'être propriétaire
d'une terre, vous êtes propriétaire d'un coupon
de rente et que vous vouliez le vendre ou le
donner en garantie pour un emprunt, on prendra une marche toute opposée, on ne s'occupera
pas le moins du monde de savoir comment vous
êtes devenu propriétaire, on s'occupera seulement de savoir si la rente vous appartient. Vous
le prouverez d'une manière irrécusable par l'ex-
hibition de votre certificat d'inscription et toute
difficulté sera levée.

Si donc nous faisons descendre ces questions
des hauteurs un peu nuageuses où on les a te-
nues jusqu'ici, pour les mettre à votre portée,
vous trouverez qu'à votre point de vue du moins,

les choses ne sont pas aussi claires qu'on aurait pu le désirer.

Cependant vous n'êtes que de simples cultivateurs, très naturellement en garde contre vos impressions, surtout lorsque des hommes de science sont d'un tout autre avis. Une première épreuve ne saurait vous suffire, il faut recourir à la contre-épreuve. Le législateur semble avoir pris une mauvaise voie, peut-être nous trompons-nous, attendons les résultats, voyons s'il arrivera au but.

Or cette contre-épreuve est encore contre lui.

Pour mieux protéger les femmes mariées et les mineurs, le législateur les dispense de prendre inscription. Il leur donne ainsi une sécurité trompeuse, car on peut purger leur hypothèque par une insertion dans un journal. Or vos femmes ne lisent pas les journaux, et il leur faudrait les lire avec exactitude et de manière à ne pas laisser passer un seul numéro.

Examinons maintenant le second point, la constitution de la propriété.

Si vous n'en avez pas fait vous-même la douloureuse expérience, vous avez certainement entendu parler d'acquéreurs obligés d'abandonner des propriétés acquises, de propriétés payées une première fois et qu'on a été obligé de payer une seconde fois, de réclamations et de procès au sujet de servitudes inconnues, de droits cachés. La situation a été reconnue comme tellement dangereuse qu'on a craint d'y aventurer les capitaux du Crédit Foncier et qu'on a cru devoir faire, uniquement pour lui, une loi spéciale. Malgré cette précaution assez étrange du reste, car on serait fort embarrassé d'expliquer pourquoi nos capitaux ne sont pas dignes de la même protection, la marche du Crédit Foncier a été complètement entravée parmi nous.

Enfin pour ne pas insister plus longtemps sur ce point, je me bornerai à rappeler les paroles d'un célèbre jurisconsulte, M. Dupin aîné, qui a dit à l'occasion de notre régime hypothécaire :

« En achetant on n'est jamais sûr d'être pro-
» priétaire, en payant on n'est jamais sûr d'être
» libéré, en prêtant on n'est jamais sûr d'être
» remboursé. »

Ainsi, Messieurs, quoique n'étant pas le moins du monde jurisconsultes, vous pouvez parfaitement apprécier que les principes fondamentaux qui servent de base à notre législation, ne sont pas, il s'en faut, de la dernière évidence et que les résultats laissent à désirer. Partant, vous pouvez dire avec confiance qu'il doit y avoir quelque chose à changer dans notre législation.

III.

Il me reste à vous prouver un second point,
c'est que si ces changements ont lieu, ce ne
sera jamais à l'initiative des jurisconsultes que
nous en serons redevables, mais bien à la pres-
sion de l'opinion publique et à la vôtre en par-
ticulier.

Ce second point vous paraîtra plus étrange que
le premier.

C'est encore là une fausse impression qu'un
peu d'examen suffit pour détruire.

Des philosophes qui ont étudié le cœur humain
ont reconnu que lorsque nous étions habitués
depuis longtemps à une chose, il était pour
ainsi dire impossible de nous en déshabituer.
De là vient le proverbe : l'habitude est une seconde nature.

C'est une expérience que chacun de vous peut
faire sur lui-même. L'Agriculture, comme toute
chose au monde, est susceptible de perfectionne-
ments ; on reproche aux agriculteurs de ne se
prêter qu'avec peine aux améliorations qu'on
leur propose et c'est surtout pour vaincre cette
résistance que les Comices Agricoles ont été
institués.

Or, n'est-il pas arrivé à un grand nombre

d'entre vous d'accueillir avec un sentiment d'hostilité bien prononcé les méthodes nouvelles, de désirer l'insuccès des novateurs et de vous réjouir de leurs échecs? N'y a-t-il pas eu un grand nombre de métayers qui ont mieux aimé abandonner des propriétés où ils vivaient paisiblement depuis longues années, plutôt que de subir des changements dans une mode de culture.

Ce même esprit se retrouve partout, chez le savant comme chez l'ignorant. Partout où une idée nouvelle est émise, on est sûr de la voir combattue par ceux que leurs connaissances spéciales semblaient destiner à l'appuyer. Il est inutile d'en faire ici la curieuse énumération. Je me bornerai à le constater pour les jurisconsultes.

Sous notre ancienne législation, l'hypothèque existait sans que rien révélât cette existence au public. C'était fort commode pour ceux qui désiraient tromper leurs créanciers. Un grand ministre, Sully, voulut porter remède à cet état de choses ; il fit rendre l'édit de 1606, portant que nul emprunt ne pût se faire sans qu'il fût déclaré quelles dettes avait déjà l'emprunteur, à quelles personnes, sur quels biens.

L'équité, la bonne foi ne pouvaient qu'applaudir à ces dispositions de l'édit.

Tous les parlements, excepté celui de Normandie, refusèrent de l'enregistrer, et comme les édits n'étaient exécutoires qu'après leur enregistrement, l'hypothèque resta occulte et générale.

Colbert fit rendre l'édit de 1673, qui instituait des registres publics soumis à des formes rigoureuses, afin que les biens d'un débiteur solvable ne fussent point consumés en frais de justice, faute de pouvoir faire paraître cette solvabilité. Les parlements ne l'enregistrèrent que sur lettres de jussion, et lui firent une opposition si vive, qu'un autre édit de 1674 vint le révoquer.

Avec cette législation, on n'achetait qu'avec les plus grands dangers. Une procédure fut imaginée pour donner quelque sécurité aux acquéreurs, c'étaient les décrets forcés et les décrets volontaires. Mais les frais étaient si considérables, qu'ils dépassaient presque toujours le prix d'acquisition. L'édit de 1771, rendu sous l'inspiration de Turgot, avait pour objet de supprimer cette ruineuse procédure. Presque toutes les Cours de justice refusèrent de l'enregistrer, et le Roi dut céder devant leur résistance.

Parmi ceux qui se prononcèrent le plus énergiquement contre les idées de réforme, on cite d'Aguesseau dont le nom est arrivé jusqu'à nous ceint de la double auréole du savoir et de la probité ; le principal motif qu'il donna est celui-ci : Si la position hypothécaire de chacun était connue, les fils de famille ruinés ne pourraient plus, à l'aide de mariages avantageux, rétablir leurs affaires et maintenir l'éclat de leur maison. On peut juger par ce seul fait à quels égarements peut conduire l'esprit de système.

Or, Sully, Colbert et Turgot passent pour les premiers administrateurs dont s'honore l'ancienne France. On ne peut contester qu'ils n'aient eu raison, puisque leurs idées ont fini par prévaloir, au moins en principe ; ils parlaient au nom du Roi, dont l'autorité était pour ainsi dire sans limites, et cependant ils échouèrent devant la résistance aveugle et passionnée des Parlements.

Cet esprit de résistance survécut à la révolution de 89 ; lors de la discussion de nos Codes au Conseil d'Etat, l'hypothèque générale et occulte eût encore d'ardents défenseurs.

Si donc nous jugeons du présent par le passé, nous verrons dans un instant que l'état des esprits est exactement le même, il sera bien évident qu'on ne saurait sans imprudence confier à des jurisconsultes seuls la mission d'améliorer nos lois hypothécaires.

2.

C'est donc aux intéressés eux-mêmes, à l'exemple des malades que les médecins sont impuissants à guérir, à chercher ailleurs le remède.

Après ces observations préliminaires, qui ont eu pour double objet de vous mettre en garde contre la pensée de votre insuffisance et contre l'autorité qui s'attache à l'opinion des jurisconsultes, j'espère que vous me suivrez avec plus de confiance dans l'examen auquel je vais me livrer avec vous,

IV.

En France, comme nous l'avons déjà vu, et c'est là la source de tous les inconvénients, le droit de propriété existe sans manifestation et sans preuve.

Ainsi, il arrive souvent que des individus n'ont de titres d'aucune sorte ; ils déclarent être propriétaires de père en fils, depuis un temps immémorial ; on a foi en leur déclaration et on leur achète avec confiance. Mais la sécurité de l'acquéreur résultera de sa foi dans la probité et la parole de son vendeur et nullement de l'efficacité de la loi.

Lorsque, par exception, la loi exige une manifestation publique, elle la fait porter non point sur les immeubles, mais bien au nom des personnes que le droit concerne.

La bizarrerie de cette disposition est surtout sensible pour l'hypothèque.

L'hypothèque, dit la loi, est un droit réel sur un immeuble; c'est l'immeuble, dit toujours la loi, qui est affecté à l'acquittement d'une obligation. Or, par une inconséquence pleine de difficultés et de périls, c'est la personne même, qui est hypothéquée; l'art. 2148 dit : « l'individu *grevé* d'hypothèque. » C'est bien, en effet, la personne qui est minutieusement désignée par ses nom, prénoms, profession et demeure, et c'est à son nom que l'hypothèque est inscrite. Quant aux immeubles, la plupart du temps ils ne sont pas désignés du tout ou bien ils sont vaguement désignés par leur nature et leur situation, ce qui très-souvent équivaut à une absence complète de désignation.

En effet, dire, par exemple, comme le portent invariablement tous les contrats, qu'un domaine se compose de maison d'habitation, bâtiments d'exploitation, jardin, terres labourables, prés, bois et vignes, c'est donner une désignation qui s'applique à peu près à toutes les pro priétés, c'est, qu'on me pardonne cette comparaison, c'est comme si on s'imaginait désigner spécialement un cheval en disant qu'il a une tête et quatre jambes.

C'est donc sur la désignation de la personne seulement que repose notre système de publicité ; il en résulte que lorsqu'on demande un état d'inscriptions ou de transcriptions, la moindre variante dans les nom, prénoms, profession et demeure suffit pour induire en erreur et rendre inutiles les plus minutieuses précautions.

Ainsi nous adressons deux reproches à notre système sur la propriété foncière : le premier, c'est de n'avoir pas exigé la manifestation de tous les droits qui frappent un immeuble ; le second c'est lorsque, par exception, il l'a exigée, de l'avoir rapportée à la personne, au lieu de la rapporter à l'immeuble.

En Allemagne et dans une grande partie de l'Europe, la législation est conçue d'après des principes tout opposés.

Tous les droits, sans exception, qui frappent un immeuble doivent être rendus publics par une inscription sur le registre hypothécaire. Ils sont inscrits, non point au nom de la personne, mais bien sur l'immeuble lui-même ou sur le plan figuratif de cet immeuble. Par suite, tous les droits non inscrits sont à l'égard des tiers comme s'ils n'existaient pas.

Il en résulte que rien n'est plus facile que de savoir à qui une propriété appartient, et quels sont les droits de toute nature qui la grèvent. On n'a pas besoin pour cela d'être jurisconsulte, notaire ou avoué. Cela est aussi clair que si, dans une salle de voyageurs, vous voyez écrit sur une malle le nom de Pierre, vous êtes bien convaincu que c'est la malle de Pierre, et que Paul, ou qui que ce soit, n'a le droit de la réclamer.

Aussi, à l'inverse de ce qui a eu lieu chez nous, les Sociétés de Crédit Foncier y fonctionnent depuis longtemps avec succès.

Voilà donc deux systèmes, dont l'un, quels que puissent être d'ailleurs ses mérites, nous jette dans le doute et dans l'embarras, et dont l'autre, quels que puissent être ses défauts, amène avec lui la clarté et la simplification.

L'introduction en France d'un système basé sur le même principe, a été réclamée par la Faculté de droit de Caen, par M. Loreau, conservateur des hypothèques, puis directeur de l'enregistrement, par M. de Robernier, président à la Cour impériale de Montpellier, et c'est aussi pour en démontrer la possibilité et la nécessité, que j'ai publié sept ou huit brochures, dont la dernière qui les résume toutes, est à la date de 1860.

Mais d'un autre côté, cette introduction a été vivement combattue. On a invoqué contr'elle les raisons les plus bizarres; on lui a surtout reproché son origine allemande. C'est une singulière raison. Nous sommes enchantés que les Allemands prennent nos prunes et nos vins, et nous sommes loin de croire qu'en agissant ainsi ils soient dupes ou bornés. Pourquoi, à notre tour, ne prendrions-nous pas chez eux ce qui peut être à notre convenance? Et puisque nous sommes à une époque de libre échange, pourquoi les fruits de l'expérience, les produits des travaux intellectuels ne seraient-ils pas librement, sympathiquement échangés comme les fruits du sol et les produits de l'industrie?

Cette raison, sur laquelle du reste nous aurons à revenir, ne saurait donc suffire pour nous faire repousser un système qui a des avantages évidents, avant de nous être assurés que les difficultés qu'il présente sont insurmontables.

Le plus sage est de recourir à l'expérimentation, de comparer les deux systèmes entr'eux et de laisser les faits se prononcer.

V.

Nous allons examiner quelques points de notre législation.

J'ai lu quelque part que notre législation était une véritable conspiration contre la propriété foncière, c'est sans doute une exagération. Admettons néanmoins pour un instant cette singulière hypothèse. Supposons que le projet du législateur ait été de compromettre tous les droits, de les enchevêtrer si bien les uns dans les autres, qu'ils ne puissent se dégager sans dommages, je doute qu'il eût pu imaginer rien de mieux que ce qui existe. Il y a des dispositions si singulières, qu'on les voit écrites dans la loi sans croire à leur existence, et que dans la pratique on procède exactement comme si elles n'existaient pas.

Dans la recherche de l'origine de propriété, on se contente d'habitude de remonter à trente ans, puisqu'après ce délai tous les droits sont prescrits. Mais il existe de nombreuses exceptions à cette règle, celle notamment portée en l'article 960 et suivants du Code Napoléon, qui permet à un droit de sommeiller en quelque sorte indéfiniment : en sorte que ce silence de trente ans dont tout le monde se contente dans

la pratique, peut être, d'un moment à l'autre,
fort désagréablement interrompu.

Lorsqu'on achète une propriété ou qu'on prête
une somme d'argent par hypothèque, il est
d'usage que le prix de la vente ou le montant
du contrat d'obligation reste en dépôt chez le
notaire jusqu'après l'accomplissement des formalités hypothécaires.

Cette habitude est constante dans nos contrées,
aucun de vous ne l'ignore; *mais elle est fort
dangereuse.*

D'après l'interprétation certainement erronée
de la loi, par l'effet seul de la vente, la propriété est transmise instantanément à l'acquéreur.
Par une conséquence rigoureuse, l'argent appartient au même instant au vendeur. Ses créanciers peuvent le saisir; en sorte que l'acquéreur
est exposé à voir le prix qu'il a versé servir à
payer les créanciers chirographaires, sauf à lui
à s'arranger, comme il le pourra, avec les créanciers hypothécaires.

La situation est exactement la même lorsque
l'argent est versé entre les mains du notaire par
un prêteur sur contrat d'obligation.

Pour le vendeur, les dangers ne sont pas
moins grands.

La loi lui avait accordé primitivement un pri-

vilége qui , sans manifestation aucune , le pro-
tégeait, et, à défaut de privilége , l'action réso-
lutoire, qui indéfiniment suivait l'immeuble dans
les mains des tiers acquéreurs.

Cette faveur a paru dangereuse. On a cru
devoir exiger du vendeur une manifestation pour
faire connaître et sauvegarder son droit , et on
lui a accordé un délai de quarante-cinq jours ,
pendant lequel il n'aura pas à craindre que le
bien qu'il a vendu passe en mains tierces.

Pourquoi quarante-cinq jours ? Ce délai est
tout-à-fait arbitraire ; les uns voulaient soixante
jours , les autres trente. Il n'y avait pas de raison pour se ranger d'un côté plutôt que d'un
autre. Le législateur a pris le terme intermé-
diaire, c'est-à-dire quarante-cinq jours.

On pourrait croire d'après cela que ce terme
est garanti ; que pourvu qu'il remplisse les
formalités prescrites dans ce délai, le vendeur
n'aura rien à craindre. C'est une grande erreur : si l'acquéreur tombe en faillite , ce délai
peut être réduit à quinze jours. Pourquoi ? Il
serait difficile d'en donner une bonne raison;
ce n'est pas apparemment la faute du vendeur
si l'acquéreur fait de mauvaises affaires.

Toutefois ce délai si réduit , puisqu'il ne re-
présente que le tiers du délai ordinaire , est

encore quelque chose ; dans quinze jours, on peut avoir le temps de se reconnaître.

Mais il n'en est pas de même si l'acquéreur vient à décéder immédiatement après le contrat, et si sa succession est acceptée sous bénéfice d'inventaire. Dans ce cas, le privilége du vendeur est irrévocablement perdu, sans qu'on puisse lui reprocher ni une faute, ni une négligence.

Voilà, ce me semble, des inconvénients bien graves et dont néanmoins personne ne se préoccupe. Il n'est pas un de vous qui, d'un moment à l'autre, ne puisse en être la victime.

A côté de cette exagération, dans la rigueur, nous trouvons une exagération dans la tolérance. Le vendeur auquel on a mesuré si minutieusement ou même supprimé le délai, lorsqu'il s'agit d'un tiers détenteur, des créanciers du failli ou d'une succession bénéficiaire, peut, lorsqu'il s'agit de la femme de l'acquéreur et de ses créanciers hypothécaires, prendre tous ses aises ; la loi lui accorde trente ans. Il lui suffit donc pendant trente ans de faire, quand il le jugera à propos, connaître régulièrement son droit, pour primer tous les créanciers hypothécaires.

Ces distinctions subtiles et singulières qu'on retrouve également dans les autres priviléges, n'existent pas dans le système allemand. Tous les droits y sont assujettis à une seule et même règle ; ils sont subordonnés tous à l'inscription, le privilége du vendeur comme les autres. Par suite, s'il est inscrit il existe et à l'égard de tous ; s'il n'est pas inscrit, il n'existe à l'égard de personne.

Cette méthode, il faut bien en convenir, est d'une grande clarté et d'une grande simplicité. Est-elle juste ? En l'introduisant en France, risquons-nous de froisser les habitudes nationales ?

C'est ce que nous allons examiner.

En définitive, elle est fondée sur ce principe que tous les droits sont et doivent être égaux. Il est un peu singulier de voir que ce principe, si nettement formulé et appliqué, nous vienne de la féodale Allemagne, où existe l'inégalité des droits politiques, et qu'il soit repoussé par la France égalitaire.

Dans notre législation, nous avons pour chaque droit des poids différents et des mesures différentes. Ces différents poids ne se rapportent point à un type unique, à l'aide duquel on puisse les comparer et les classer. Il y a mieux ; la consistance de chacun d'eux , considéré isolément , est variable et changeante , en sorte que parfois le législateur a tout l'air de se servir de faux poids et de fausses mesures.

Ainsi , comme nous l'avons vu , le privilége du vendeur est variable , suivant qu'il s'agit d'un failli , d'une succession vacante , d'un tiers acquéreur ou d'un créancier hypothécaire.

Dans la balance législative , ce privilége a été trouvé d'un poids inférieur aux droits des tiers acquéreurs et des créanciers à succession bénéficiaire et leur a été sacrifié ; il a été trouvé supérieur aux droits des femmes mariées, à l'égard desquels il conserve intactes toutes ses prérogatives. D'après cela , les tiers acquéreurs devraient l'emporter sur les droits des femmes mariées. C'est le contraire qui arrive. Dans cette balance fantastique les droits des tiers acquéreurs pèsent beaucoup moins que les droits des femmes mariées et leur sont constamment sacrifiés.

A la place de ce système un peu étrange et certainement très-compliqué , nous demandons l'application d'une idée essentiellement française, *l'unité de poids et mesures.*

VI.

Dans la voie tortueuse et difficile où le législateur a engagé la propriété foncière, on rencontre à chaque pas des obstacles; ce n'est qu'à l'aide de sacrifices qu'on peut les surmonter.

Nous avons dit qu'un acquéreur n'avait jamais de certitude au sujet de son acquisition; il ne peut avoir que des probabilités, mais pour s'assurer le bénéfice de ces probabilités, il doit remplir des formalités nombreuses.

Ainsi, d'après la nouvelle loi, il doit s'assurer si son vendeur n'a pas déjà vendu la propriété qu'il se propose d'acquérir. Il lui faut pour cela demander au bureau des hypothèques la copie des ventes qu'il a faites; elles peuvent être très-nombreuses : j'ai en main des états de transcription qui ont coûté 175 fr.

Jusqu'ici lorsque le vendeur était marié, et que le contrat de mariage était exempt de dotalité, on se bornait à faire intervenir la femme à la vente, pour la faire renoncer à son hypothèque légale. Mais les termes de la nouvelle loi ont jeté des doutes sur l'efficacité de cette intervention. D'après des décisions récentes, il faudrait une purge, c'est-à-dire une dépense de 60 francs, pour chaque vente.

Il faut prendre un état des inscriptions ;

Il faut transcrire le nouveau contrat ;

Il faut demander des certificats supplétifs ; le tout indépendamment des frais de mutations qui sont énormes.

Si encore ces frais, ces ennuis avaient au moins pour résultat d'arriver à une sécurité complète ; mais, comme nous l'avons dit, cette sécurité n'existe pas sous notre législation.

En jetant un regard en arrière, nous pouvons juger combien peu de terrain nous avons conquis. Les améliorations proposées par Sully, Colbert et Turgot ont été admises en principe ; mais on en a rejeté à peu près toutes les conséquences.

De grandes simplifications ont été, sans doute, apportées ; les frais ont été bien diminués ; mais comme, par suite du morcellement, les propriétés sont devenues moins importantes, la situation est restée à peu près la même. Aujourd'hui, comme au temps de Sully, la propriété foncière se trouve grevée de droits occultes qui la mettent en suspicion ; comme au temps de Colbert, elle est dans l'impossibilité d'emprunter, faute de pouvoir faire paraître sa responsabilité ; comme au temps de Turgot, elle est dans l'impossibilité de se consolider, par suite de l'énormité des frais.

Et pour que rien ne manque au rapprochement, on trouve encore dans les corps judiciaires et chez les jurisconsultes à toute proposition d'amélioration, la même prévention, la même hostilité.

Aussitôt qu'une demande de ce genre est produite, et sans même l'examiner, on se hâte de la repousser par la raison qu'il faudrait porter une main profane et sacrilège sur le Code Napoléon.

Et on comprend que ces paroles répétées à tout propos mettent l'Empereur dans une fausse position. Lorsque les hommes les plus compétents s'expriment de la sorte, il ne peut guère, lui, l'héritier de Napoléon Ier, montrer moins de déférence pour cette œuvre, qui est un des plus beaux titres de gloire du fondateur de sa dynastie. C'est en quelque sorte un devoir pieux qu'on lui impose de la conserver intacte.

Et c'est encore là une raison que vous aurez peine à comprendre. Je suppose que dans l'héritage d'un de vos aïeux vous ayez reccueilli une terre qui aura été l'objet de tous ses soins, qui le rappelera plus particulièrement à votre souvenir. Il vous sera difficile d'admettre que, par respect pour sa mémoire, vous deviez la conserver dans l'état où vous l'aurez reçue. Vous croirez plutôt que votre devoir est de l'améliorer autant que possible, d'en extirper soigneusement les ronces et les épines, de la mettre enfin en état de soutenir la comparaison avec les terres voisines.

Parmi ceux qui ont réclamé, on peut citer un illustre homme d'Etat, Casimir Périer, qui n'était point jurisconsulte et qui en 1827 ouvrit spontanément un concours pour trouver le moyen de remédier aux imperfections de notre système hypothécaire.

Cette tentative ne fut point approuvée par les jurisconsultes, et n'eut point de résultat.

Tous les jurisconsultes heureusement ne sont pas aussi exclusifs. La Faculté de droit de Caen proposa, comme nous l'avons vu, d'introduire en France les principes de la législation allemande. Une proposition émanée d'une autorité aussi considérable méritait bien une discussion sérieuse. Voici ce qu'en a dit une Cour Royale : « La Faculté de droit de Caen présente un » projet, suivant lequel on n'inscrirait plus une » hypothèque sur un débiteur, mais sur la pièce » de terre hypothéquée. *On ne s'occupera pas de*

» *ce système*, qui tend à bouleverser toute la
» loi, pour pousser le principe de la spécialité
» à son dernier terme. »

Vous penserez, Messieurs, que les honorables
membres de cette Cour eussent agi à la fois
avec plus de sagesse et de convenance, en s'assurant jusqu'où pouvait aller ce bouleversement.

Une conviction profonde, fortifiée par une expérience de chaque jour, m'a porté en quelque
sorte irrésistiblement à me consacrer à l'étude
de cette question. Je me suis adressé à trois
reprises au Sénat pour demander qu'une expérience fût faite. Sachant bien quelle méfiance
devait inspirer la réclamation d'un obscur praticien, j'ai eu soin de l'abriter sous le nom de
ceux qui m'avaient précédé dans cette voie. Cette
précaution sur laquelle, je l'avoue, j'avais fondé
quelque espérance, a été inutile. Les rapporteurs ont eu des paroles bienveillantes pour le
pétitionnaire, mais ont été très-explicites quant
au rejet de sa demande.

Et cependant l'un d'eux, M. Bonjean, dans
la séance du Sénat dont nous allons parler dans
un instant, a soutenu exactement les mêmes
idées, qu'il a rejetées comme rapporteur. Je
serais tenté de dire qu'il a eu, lui aussi, deux
poids et deux mesures, et je crois que je pour-

rais donner de bonnes raisons à l'appui ; mais on n'est pas bon juge dans sa propre cause. Aussi pour montrer avec quel esprit de prévention les demandes de ce genre sont accueillies, je choisirai un cas où je suis complétement désintéressé : c'est celui d'une pétition adressée par M. Pierron, notaire à Civray (Vienne).

M. Pierron commence par reconnaître les excellents résultats produits dans notre régime hypothécaire par la loi du 23 Mars 1855. Et làdessus je suis loin d'être en communauté d'idées avec lui ; les résultats de cette loi m'ont toujours paru nuls ou désastreux ; l'objet de la pétition suffirait à lui seul pour le prouver. Ainsi, comme je l'ai dit, je suis parfaitement désintéressé dans la question et en mesure de donner une appréciation impartiale.

M. Pierron demandait qu'on simplifiât les formalités de la purge de l'hypothèque légale de la femme parce que le coût de cette formalité, qui est au minimum de 60 francs, est hors de proportion avec la valeur de l'immense majorité des immeubles qu'il s'agit de purger. Autrefois, ajoutait-il, pour éviter les frais de purge, il suffisait que la femme du vendeur intervînt au contrat et y renonçât à son hypothèque légale. Ce moyen si simple ne suffit plus pour donner sécurité à l'acquéreur depuis un arrêt de Cour Impériale du 22 décembre 1863 , interprétatif de l'article 9 de la loi du 23 mars 1855.

M. Pierron expose ensuite les moyens qu'il propose pour remédier à cette situation.

Je ne les discuterai pas parce que M. Pierron se pose sur le terrain de la situation actuelle qui me paraît impraticable.

Mais je ferai quelques observations sur les raisons données par M. Bonjean, qui ont amené l'ordre du jour.

L'honorable rapporteur reconnaît que les deux tiers des ventes faites en France ne représentent qu'une valeur moyenne de 200 fr., et que les frais représentent environ 50 pour cent de la valeur de pareilles ventes. Ce qui met, d'après lui, les parties dans l'impossibilité de remplir les formalités légales, et il ajoute : « Ces inconvénients sont bien moins considérables que ne le croit le pétitionnaire. Pour les ventes très-minimes, les acquéreurs ne font jamais purger, la plupart ne font même pas transcrire. Et cette imprudence apparente est sagesse, car comme les petites ventes n'ont guère lieu qu'entre voisins qui connaissent parfaitement leurs facultés respectives, comme d'ailleurs l'acquéreur conserve toujours son action personnelle en garantie contre le vendeur, rien n'est plus rare que les évictions en pareille circonstance, etc., etc., et l'acquéreur préfère s'exposer à un petit risque éloigné et fort incertain plutôt que de subir dans le présent des frais certains et relativement considérables. »

Nous ne nous permettrons pas de critiquer le rapporteur; il a dit ce que tout autre jurisconsulte eût dit, moins bien peut-être, à sa place. Mais nous critiquerons une situation qui permet de dire de telles paroles sans qu'il se soit élevé ni dans l'enceinte où elles ont été· prononcées, ni hors de cette enceinte, une voix pour protester.

Si on disait à un ingénieur qu'une route est construite de telle façon que les deux tiers des passants sont obligés de l'abandonner pour passer à travers champs; ou encore que le droit de péage sur un pont destiné à franchir une rivière dangereuse est tellement élevé que les deux tiers des voyageurs sont obligés de passer à gué la rivière au risque de s'y noyer, pourrait-il se contenter de répondre qu'il n'y a pas tant d'inconvénients qu'on se l'imagine, qu'il y a, il est vrai, imprudence, mais que cette imprudence apparente est sagesse, que les voyageurs ont raison de s'exposer à un danger éloigné et fort incertain, plutôt que de subir dans le présent des frais certains et relativement considérables; que d'ailleurs les passants, étant le plus souvent des voisins, connaissent parfaitement la rivière, et que rien n'est plus rare que d'en voir se noyer, etc., etc.

Si de telles paroles étaient prononcées, ne soulèveraient-elles pas une unanime réprobation?

Or, n'est-ce pas là exactement le langage de M. Bonjean? Peut-on faire de notre système hypothécaire une critique plus sévère que de dire qu'il est le plus souvent impraticable? Le pétitionnaire a dû être fort surpris d'échouer en ayant si complétement raison.

M. Bonjean se trompe lorsqu'il parle de la confiance que les petits propriétaires peuvent avoir dans la responsabilité de leurs vendeurs. Le cultivateur, et fort heureusement, est très-attaché à son bien, il ne vend guère que contraint et forcé. Le recours contre le vendeur est donc très-souvent illusoire.

Aussi rester indéfiniment sous la menace d'un danger est toujours une nécessité fort douloureuse, quoi qu'en dise M. Bonjean; chacun de vous sera de mon avis.

Et en admettant même qu'un acquéreur croie pouvoir le faire impunément, est-il sûr qu'un acquéreur, un prêteur, la société de Crédit foncier, par exemple, verront la chose du même œil que lui?

VII.

Et cependant M. Bonjean n'est point classé parmi les rétrogrades ; c'est assurément au Sénat un de ceux qui ont le plus d'initiative.

C'est ce qu'on a pu constater à l'occasion de diverses pétitions relatives au renouvellement du cadastre (*Moniteur* du 7 avril 1866).

Elles demandaient que le cadastre fût renouvelé et que des mesures fussent prises pour le tenir au courant des mouvemens de la propriété foncière, ce qui nécessiterait la création de conservateurs du cadastre.

Pour mieux faire saisir la question, je ferai une comparaison : Un chemin est construit dans de telles conditions qu'il est devenu impraticable. On demande qu'il soit remis en état et qu'on y attache des cantonniers qui sont, dans le sens rigoureusement exact du mot, les conservateurs des chemins.

Cette demande, Messieurs, vous paraîtrait fondée et aucun de vous n'hésiterait à l'appuyer ; elle a été repoussée par le Sénat, qui a perdu de vue ce jour-là qu'il était un Sénat conservateur.

MM. Tourangin et Bonjean ont vainement fait ressortir les avantages d'une nouvelle et meilleure organisation. Le dernier surtout a indiqué comme le but auquel nous devions aspirer l'adoption des principes du système allemand. Tout a été inutile. Le Sénat a passé à l'ordre du jour.

Que conclure de cette résistance si extraordinaire ? C'est que l'esprit de prévention qui animait autrefois les parlements existe toujours.

On reproche à tout projet de changement de vouloir porter atteinte au Code Napoléon, et on commence à jeter sur lui suspicion et défaveur.

La réponse est bien facile. Si un changement est nécessaire au Code Napoléon, pourquoi ne le ferions-nous pas ? Pourquoi resterions-nous éternellement enchaînés à son texte ? Pourquoi lorsque la société se transforme, la loi qui règle les rapports sociaux ne subirait-elle pas une transformation correspondante ? Les auteurs du Code avaient un sentiment plus exact de l'imperfection et par suite de la perfectibilité de leur œuvre, puisqu'ils avaient prévu le cas où la loi aurait besoin d'être interprêtée, et organisé pour ce cas une procédure spéciale.

Mais ce que je propose ne porte pas le moins du monde atteinte au Code Napoléon; il ne fait que développer les principes qu'il a proclamés et qui n'ont reçu jusqu'ici qu'une application fausse et restreinte. Je ne veux point ici entrer dans des détails. Je me bornerai a citer le cas suivant.

Les hypothèques légales des femmes mariées et des mineurs sont dispensées d'inscription. Je vous ai cité un exemple où ce mode de procéder a dû vous paraître fort étrange. Votre opinion, du reste, a été partagée par des hommes éminents, car au conseil d'Etat cette dispense d'inscription fut l'objet des plus vives controverses.

Il ressort clairement du Code Napoléon que le but du législateur était uniquement d'affranchir les femmes mariées et les mineurs de ce soin, mais nullement d'organiser un système où cette inscription ne serait, pour ainsi dire, jamais prise. Et la preuve en est dans les articles 2136 et suivants du Code Napoléon qui chargent de ce soin les maris, les tuteurs, les subrogé-tuteurs, le procureur impérial, les parents ! les amis !!!...

Le législateur se proposait un double but : garantir les femmes mariées et les mineurs ; prévenir les tiers ; et ces précautions si multipliées , si minutieuses , indiquent le prix qu'il attachait à obtenir ce double résultat.

Malheureusement ces précautions n'ont pas été sanctionnées par l'expérience ; elles sont tombées en désuétude. Si on propose un système qui donne aux femmes mariées et aux mineurs toute la garantie possible, sans jamais compromettre les droits des tiers , on ne pourra pas dire qu'il renferme une dérogation au Code Napoléon. On dira avec plus de raison qu'il complète et réalise sa pensée.

VIII.

Les jurisconsultes se retranchent derrière les difficultés inhérentes à la matière. Ils ont, prétendent-ils, à protéger les intérêts si divers des femmes mariées, des mineurs, des héritiers apparents, des acquéreurs de bonne foi, des vendeurs, des copartageants, etc., etc.; il faut prendre pour chaque cas des dispositions spéciales. J'ai démontré ailleurs* que cette diversité

* *Le Régime Hypothécaire et le Sens Commun*, Cotillon, éditeur, rue Soufflot, 23, Paris.

de droits était l'œuvre purement arbitraire du législateur. Je n'y reviendrai pas ici, mais, persévérant dans la marche que j'ai adoptée dans ce travail, je laisserai les faits s'expliquer d'eux-mêmes.

Il se passe à cet égard, au milieu de nous, quelque chose de bien significatif et sur lequel je ne saurais trop appeler l'attention. C'est que toutes ces difficultés qui ont défié jusqu'ici tout le savoir et toute la sagacité des jurisconsultes ont été résolues sans le moindre embarras par des hommes voués à une spécialité toute différente, par ceux qui ont organisé le grand livre de la dette publique.

Je poserai à cet égard une série de questions.

Est-il jamais arrivé qu'un individu, après avoir acheté un coupon de rente, ait été obligé de payer une seconde fois le prix?

Est-il jamais arrivé qu'il ait été dépossédé par un autre?

Est-il jamais arrivé qu'une femme mariée ou un mineur, dont le patrimoine a été placé en rentes sur l'Etat, l'aient perdu?

Est-il jamais arrivé que l'exercice des droits de la femme et du mineur aient compromis les intérêts de quelque titulaire de rente?

Est-il jamais arrivé que quelqu'un, ayant prêté une somme d'argent sur la garantie d'une rente sur l'Etat, ait perdu la somme prétée?

Est-il jamais arrivé que quelqu'un, ayant besoin d'une somme d'argent, n'en ait pas trouvé à la banque proportionnellement à la valeur de son titre?

La réponse est facile et ne saurait, je pense, donnner lieu à aucune controverse.

Il en résulte que par la méthode adoptée, tous les droits sont efficacement protégés, qu'ils trouvent cette protection en eux-mêmes, dans la force de leur constitution et non dans le sacrifice des autres droits.

Ce qui n'arrive pour ainsi dire jamais pour les rentes arrive constamment pour les droits sur les immeubles. Qu'on pose à leur égard les mêmes questions, la réponse sera tout autre.

Voilà encore, ce me semble, un grave motif de tenir en suspicion les décisions et l'autorité des jurisconsultes, et de les soumettre à un contrôle sévère.

Examinons maintenant si la règle adoptée pour les rentes sur l'Etat a quelque chose d'exceptionnel et d'insolite que nous ne puissions l'invoquer, au moins comme précédent, pour améliorer notre système hypothécaire.

Les rentes sur l'Etat sont meubles, dit l'article 529 du Code Napoléon. Aux termes de l'article 2279 du même Code, en fait de meubles, la possession vaut titre. Néanmoins par une exception d'autant plus remarquable qu'aucune disposition de la loi ne la consacre, toutes les fois que cette possession ne peut avoir lieu ou offre des inconvénients, elle est remplacée par l'inscription. Dans un voyage, par exemple, obligé de me séparer momentanément de mes effets pour les réunir aux autres bagages, il me suffit d'y inscrire mon nom pour établir mon droit de propriété et être autorisé à les réclamer.

C'est exactement la marche suivie pour les rentes sur l'Etat. Ces rentes sont au porteur ou nominatives. Dans le premier cas, le droit de propriété résulte de la possession du titre. Dans le second cas, cette possession a été remplacée par l'inscription sur le titre même du nom de celui auquel il appartient.

Or, c'est encore là, et très-exactement, la marche suivie en Allemagne pour la propriété immobilière. Elle commence, elle aussi, par la possession; puis cette possession a été remplacée par l'inscription sur l'immeuble du nom de celui auquel il appartient. Par une conséquence toute naturelle les transactions sur la propriété présentent la même sécurité que les transactions sur la rente parmi nous.

Cette méthode si logique, si simple et si sûre se retrouve partout :

Dans le droit commercial, où l'inscription du nom de l'expéditeur et du destinataire ou bien leur marque sur les objets expédiés, est la garantie et la sauvegarde de leurs droits ;

Dans le droit politique, où l'inscription sur la liste électorale confère le droit de voter ;

Dans le droit international : lorsque la France arbore son drapeau sur une contrée conquise, n'est-ce pas encore comme si elle y apposait sa marque ? Ce signe ne dit-il pas dans un langage intelligible pour tous : *Ceci est à moi ?*

Avant de jeter une lettre à la poste, il me suffit d'y inscrire le nom du destinataire pour qu'elle lui parvienne aux extrémités du monde.

J'entre pour la première fois dans une ville et je vois le mot Mairie, inscrit sur un édifice, et, à l'instant même, sans avoir besoin d'autre renseignement, j'ai la conviction que c'est là la maison commune ; si quelqu'un me proposait de me la vendre, hypothéquer ou louer, ce *seul mot* me mettrait suffisamment en garde. Ce mot est pour moi plus qu'une indication, il est aussi l'expression d'un droit; du moment, en effet, que c'est une maison commune, j'ai le droit d'y pénétrer pour assister à un mariage, qui d'après la loi doit être célébré publiquement.

Il en est de même si, au lieu du mot Mairie, je lis ces mots : PALAIS DE JUSTICE. J'ai le droit d'y pénétrer, d'assister aux audiences.

Le nom d'un peintre inscrit sur un tableau m'indique qu'il en est l'auteur. J'ai sous les yeux le *Traité de la Propriété*, où M. Demolombe signale et critique la différence établie par la loi entre les meubles et les immeubles. Je vois à la première page que M. Demolombe est l'auteur de cet ouvrage, que l'œuvre et la conception lui appartiennent, que MM. Durand et Hachette, libraires-éditeurs, en ont la propriété industrielle; une simple note constate que cet exemplaire m'appartient.

Voilà donc trois droits d'une nature bien diverse constatés au moyen de l'inscription, en quelques mots, et si bien constatés que la personne la plus étrangère aux premières notions de droit s'en rend un compte parfaitement exact.

D'après une comparaison de Cicéron, la terre était primitivement comme un vaste théâtre où chaque spectateur prend par l'occupation la place qui lui est propre.

Dans ce cas encore la possession est remplacée par l'inscription. C'est par l'inscription en effet que les places réservées sont protégées contre les empiètements. Il me suffit, en effet, de voir inscrits sur une loge ces mots : Loge de la Mairie, Loge de la Préfecture, Loge louée, etc., pour m'abstenir d'y pénétrer.

Ainsi, il suffit de l'inscription d'un mot pour sauvegarder le droit ; quelquefois même il suffit des seules initiales. Dans les familles, par exemple, la propriété du linge est sauvegardée par les initiales de celui à qui il appartient.

C'est du reste la même pensée qui a inspiré le législateur lorsqu'il a organisé le cadastre. Là aussi l'établissement de la propriété a été fondé sur l'inscription. Chaque immeuble est désigné par un numéro distinct, et c'est celui dont le nom est inscrit en regard de ce numéro que le percepteur considère comme propriétaire ; c'est à lui qu'il réclame le paiement de l'impôt.

L'administration de l'enregistrement considère l'inscription au cadastre comme une présomption suffisante du droit de propriété et s'en autorise pour exiger le paiement des droits de mutation.

Les jurisconsultes prétendent que cette méthode est incompatible avec les principes de notre législation et les habitudes françaises. Voilà déjà bien des preuves du contraire; mais il y en a d'autres, et cette fois c'est la législation civile elle-même qui va les fournir.

Le Code de procédure exige que les immeubles expropriés soient désignés par les numéros du cadastre. Seulement, comme le législateur n'a pris nul souci de mettre le droit du propriétaire d'accord avec les matrices cadastrales, il arrive *très-souvent* qu'on oublie d'exproprier des terres appartenant au débiteur, et qu'on exproprie celle du voisin.

Il en est de même dans les expropriations pour cause d'utilité publique. Le législateur considère comme propriétaire celui qui est inscrit sur la matrice cadastrale. Les travaux publics qui, depuis quelques années, ont pris en France une si grande extension, ont donné lieu à de fréquentes applications de cette règle; elle n'a, pour ainsi dire, jamais donné lieu à des difficultés. J'ai trouvé néanmoins un cas où l'on avait exproprié et payé le mari, inscrit à la matrice cadastrale, pour un immeuble qui était propre et dotal à la femme. Celle-ci réclama. Un arrêt de la Cour de Cassation du 16 août

1865 lui donna tort. Cet arrêt porte textuelle-
ment qu'*en matière d'expropriation pour cause
d'utilité publique, celui-là est légalement réputé
propriétaire dont le nom est inscrit sur la matrice
cadastrale*. Ou je me trompe fort ou c'est là la
méthode allemande toute pure, moins les garanties.

Ainsi, Messieurs, veuillez bien le remarquer,
le système que je propose mettrait le Code
Napoléon en harmonie avec la loi sur l'expropriation pour cause d'intérêt privé et la loi sur
l'expropriation pour cause d'utilité publique. En
faisant servir le cadastre à la preuve de la propriété, il mettrait le régime civil en harmonie
avec le régime administratif et le régime finan-
cier de la France. Il soumettrait à un même
principe les meubles, les immeubles, les va-
leurs industrielles et les rentes sur l'Etat.

Enfin, en proclamant l'égalité de tous les
droits, il assurerait à chacun, sans jamais compromettre les droits des tiers, la plus grande
somme de sécurité possible et consacrerait un
principe qui, en droit civil, n'a jamais été sé-
rieusement contesté.

IX.

Voici un exemple qui m'a paru faire ressortir d'une
manière frappante la différence des deux systèmes :

4.

Je suppose une grande gare où arrivent de nombreux voyageurs avec des effets de toute sorte. Avant le départ on marque chaque objet d'un numéro, puis on remet à chaque voyageur un bulletin portant le numéro des objets qui lui appartiennent. Le voyage s'effectue. A l'arrivée, chacun présente son bulletin et on lui remet ses effets; le tout avec une rapidité et un ordre admirables.

Quelqu'un s'imaginerait-il de changer cette organisation pour y substituer celle-ci :

D'abord ne pas apposer sur les effets aucun numéro ou marque distinctive pour les reconnaître, par le motif que cette méthode est trop compliquée, exige beaucoup d'ecritures et occasionne beaucoup d'erreurs.

Au lieu de cette méthode, qui peut être bonne en Allemagne , mais qui répugne à la simplicité de notre droit français, mentionner sur un registre au nom de chaque voyageur les effets qui lui appartiennent; désigner ces effets, pour ne pas tomber dans un matérialisme fâcheux, d'une manière vague, de façon à ce que cette désignation puisse s'appliquer à peu près à tous les effets indistinctement; rappeler minutieusement à qui ces effets ont appartenu depuis trente ou quarante ans; rechercher parmi les voyageurs quels sont ceux qui sont ou ne sont pas en état de remplir ces formalités, leur accorder des délais variés selon leurs aptitudes ou même les en dispenser complétement ; rechercher ensuite parmi les effets eux-mêmes ceux dont il doit être fait mention, ceux pour lesquels cette mention sera moins nécessaire et ceux pour lesquels elle sera inutile, établir pour chaque cas des règles particulières et des formalités spéciales.

Vouloir mettre ensuite le tout en harmonie, n'est-ce pas tenter de faire ce qui est au dessus des forces de l'homme, organiser le chaos ? Qu'on juge de l'imbroglio à l'arrivée des voyageurs, surtout s'il s'en trouve qui veuillent en tirer parti.

Il n'est donc pas étonnant que tous ceux qui ont écrit sur le régime hypothécaire aient commencé par dire qu'il était la partie la plus difficile du droit, et que l'un d'eux (Jordan) qui a eu l'honneur de mériter les éloges de M. Troplong, l'ait présenté *comme un chaos d'éléments hétérogènes, de dispositions inexplicables, d'antinomies insolubles ne produisant que tourment pour les interprètes et procès pour les justiciables.*

Mais le comble de la bizarrerie serait, si

les numéros étant apposés sur les effets des voyageurs, le bulletin de réception ne servait à. autre chose qu'à autoriser la compagnie à faire payer aux voyageurs les frais de port et de factage et ne pouvait pas servir de titre à ceux-ci pour réclamer leurs effets.

Or, c'est précisément là la situation qui nous est faite et à laquelle nous sommes de longue date habitués.

L'inscription au cadastre fonctionne parfaitement toutes les fois qu'il doit en résulter pour le propriétaire quelque charge ; c'est à l'aide du cadastre qu'on lui fait payer ses impôts, qu'on l'exproprie pour cause d'intérêt privé et pour cause d'utilité publique, qu'on lui fait payer le droit et le double droit de mutation. Mais toutes les fois qu'à son tour il veut s'en servir pour prouver qu'il est propriétaire, on le déclare dangereux et impraticable.

X.

Ici se présente naturellement à votre esprit la plus grande des objections qu'on puisse me faire.

Vous pouvez me dire :

Si notre système hypothécaire est tel que vous le présentez, il est absurde et impraticable. Il n'aurait pas existé vingt-quatre heures, et il fonctionne, avec beaucoup d'inconvénients peut-être, mais enfin il fonctionne depuis bon nombre d'années.

La réponse est facile.

Le système qui nous régit, en tant que constitutif de droits et translatif de propriété, n'existe pas ; nous sommes dupes d'une illusion.

N'est-il pas évident, dans l'hypothèse de l'imbroglio que nous avons posée ci-dessus, que les inconvénients résultant des imperfections de la méthode adoptée, seraient en grande partie atténués, si chaque voyageur gardait en mains ses effets ? La manifestation résultant de la possession suffirait pour sauvegarder ses droits.

Or c'est ce qui arrive très-exactement pour les immeubles. La possession réelle a constamment accompagné et complété, en le signalant, le droit de propriété. Mais toutes les fois que la possession ne lui est pas venue en aide, le système actuel sur la preuve du droit de propriété et la transmission s'est montré dans sa radicale impuissance.

Depuis que le Code existe, est-il arrivé

une seule fois qu'un homme prudent ait osé acheter, sur la foi de titres parfaitement en règle, un immeuble dont un tiers, qui était en possession, se prétendait propriétaire ?

Le contraire a lieu fréquemment.

Il arrive souvent que des individus n'ont que des titres irréguliers, ou même n'en ont point du tout, néanmoins leurs voisins qui les voient depuis longues années en paisible possession leur achètent ou leur prêtent par hypothèque sans la moindre inquiétude.

Il résulte de ce contraste, qu'aux yeux de tous, et nonobstant toutes les décisions et toutes les prescriptions du législateur, c'est en réalité la possession qui fait preuve de la propriété, et que là où la possession fait défaut, et pour aussi réguliers que soient les titres, cette preuve n'existe pas.

Le mouvement simultané de la propriété et de la possession a pu faire illusion jusqu'ici, comme pourrait faire illusion un train de chemin de fer à celui qui le verrait pour la première fois, qui pourrait croire que les wagons donnent l'impulsion à la locomotive. Mais il reconnaîtra son erreur lorsqu'il verra la locomotive détachée poursuivre sa marche et les wagons s'arrêter immobiles et inertes.

Cette expérience si décisive, on peut la faire sur notre système de transmission ; on verra que, séparé de la possession et livré à ses seules forces, il ne peut se mouvoir ; que parmi les innombrables transactions qui ont eu lieu depuis l'existence du Code et qui semblent avoir embrassé tous les cas imaginables, il ne s'est *jamais* produit celui dont nous avons parlé, d'une acquisition sérieuse faite sur titres parfaitement en règle, d'un immeuble dont un tiers qui était en possession se prétendait propriétaire. Nous croyons donc pouvoir dire que le système de nos Codes ne recèle pas en lui la force qui déplace la propriété ; il en précède ou suit les mouvements, il ne les détermine pas.

Si donc la propriété immobilière n'a pas été bouleversée de fond en comble, il ne faut pas en faire honneur au système inauguré par nos Codes, mais, comme nous venons de le voir, à la seule possession.

Examinons maintenant ce qu'est en réalité la possession qui joue un rôle si important et si décisif dans la preuve et la transmission de la propriété.

La possession ici n'est autre chose que l'inscription elle-même. Que dans un voyage j'inscrive mon nom sur mes effets ou que je les tienne ostensiblement sous la main, j'indiquerai, dans l'un comme dans l'autre cas, que ces effets m'appartiennent. Seulement la possession sera un mode de manifestation moins parfait que l'inscription. La possession peut n'être qu'un accident; elle est partout et toujours la même et ne peut guère indiquer que le droit de propriété. L'inscription procède toujours d'une intention, variable à l'infini, elle est susceptible d'indiquer tous les droits avec leurs nuances les plus délicates.

Et réciproquement l'inscription à son tour n'est autre chose que la possession. Ainsi le législateur déclare qu'en fait de meubles la possession vaut titre, et on a décidé par application de ce principe que l'apposition du sceau d'une personne sur un objet, équivalait pour elle à la possession. Or l'apposition du sceau d'une personne sur un objet, n'est-elle pas une véritable inscription ?

Si le système actuel n'a dû de se maintenir si longtemps qu'à la possession, si la possession n'est autre chose que l'inscription, il faut en conclure que, par la seule force des choses, même sous le régime actuel, le système de l'inscription a virtuellement existé, qu'en lui seul résident le mouvement et la vie.

XI.

En résumé, Messieurs, j'ai essayé de vous prouver :

1° Que vous étiez à même d'apprécier notre législation, au moins quant à ses résultats ;

2° Que le système qui nous régit occasionne des frais exorbitants et ne donne point de sécurité ;

3° Qu'il y avait un autre système qui donnait toute sécurité aux transactions à l'aide de formalités plus simples et moins coûteuses ; que ce système, au premier abord, paraissait différer complétement du nôtre, mais qu'en le considérant de près on s'apercevait qu'il avait de profondes racines dans nos habitudes, dans notre organisation administrative et financière, et jusque dans notre législation civile.

Je conçois cependant que vous hésitiez encore à vous prononcer, que vous vous teniez en garde contre vos impressions. Mais alors ne pensez-vous pas que le plus sage serait de faire pour ce cas ce qu'on fait dans les autres circonstances, lorsqu'on veut se rendre compte des avantages d'une méthode, d'une machine, d'un outil, recourir à l'expérimentation?

L'expérimentation offre, en effet, ce double avantage qu'elle condamne irrévocablement les fausses théories et fournit aux théories fondées sur la vérité le moyen de vaincre les obstacles à mesure qu'ils se produisent.

Cette expérimentation doit comprendre naturellement tous les systèmes. Je vais exposer sommairement les bases. de celui que j'ai moi-même proposé.

D'après ce système, la France serait divisée en kilomètres carrés, limités, à chacun de leurs angles, par des bornes monumentales semblables à celles qui marquent la distance sur les grandes routes. Cette opération faite, toute la France se trouverait divisée en kilomètres carrés parfaitement distincts et parfaitement limités.

Le plan figuratif de chaque kilomètre serait divisé en degrés et subdivisions de degrés ayant une grande analogie avec les degrés marqués sur les cartes géographiques, ou mieux encore avec la méthode que les plans de la ville de Paris ont vulgarisée et d'après laquelle on retrouve instantanément la position, soit d'une rue, soit d'un monument.

A l'aide de ces degrés et de leurs subdivisions, on pourrait trouver et désigner instantanément sur le plan figuratif un point quelconque d'un kilomètre carré. Les maisons et les pièces de terre forment presque toujours des polygones plus ou moins réguliers; en désignant successivement les sommets des divers angles et en les réunissant ensuite par des lignes droites, on se trouverait avoir désigné très-exactement l'immeuble lui-même; et c'est sur cette désignation que tous les droits qui se rapportent à cet immeuble seraient inscrits.

On a supposé jusqu'ici que l'inauguration de ce système devrait être précédée d'un abornement général de toutes les propriétés et de la confection de nouvelles cartes cadastrales. Ce serait un énorme travail et une énorme dépense, puisque la première opération cadastrale qu'il faudrait reprendre, a duré plus de quarante ans et a coûté, dit-on, plus de 300 millions. Or, c'est là une erreur qu'on ne saurait assez signaler.

D'après les renseignements que je me suis procurés auprès des hommes compétents, la division du sol en kilomètres carrés pourrait se faire avec une grande rapidité, et la dépense serait relativement bien peu considérable ; elle diviserait la France en parcelles uniformes invariablement déterminées.

Ensuite, et je crois devoir appeler tout particulièrement l'attention sur ce point de vue complétement négligé jusqu'ici, *chaque propriétaire pourrait, dès qu'il le jugerait utile à ses intérêts, faire passer sa propriété du régime ancien au régime nouveau.* Il n'aurait qu'à faire relever le plan de sa propriété et à donner au conservateur la série des numéros qui la circonscrivent. Sur ces indications, celui-ci reproduira très-exactement la propriété sur le plan, lui donnera un numéro d'ordre, et, en regard de ce numéro reporté sur un registre spécial, indiquera le droit du propriétaire et successivement ensuite, au fur et à mesure qu'ils se produiront, tous les droits qui viendraient affecter cette propriété.

Les frais que nécessiterait cette opération remplaceraient les frais des coûteuses et souvent dérisoires formalités prescrites par notre législation et seraient bien moins élevés.

Il est très-vraisemblable que tous les acquéreurs et les prêteurs voudraient profiter de la sécurité qu'offre le nouveau système, et que la transformation s'opérerait très-rapidement.

Avec la malheureuse prévention qui existe sur cette question, la proposition de soumettre la propriété foncière à deux législations différentes existant simultanément, paraîtra exorbitante, et cependant c'est ce qui a lieu pour les actions et obligations de chemins de fer qu'on veut rendre nominatives. Dans ce cas, on fait inscrire sur les registres de la Compagnie, en regard du numéro de chacune d'elles, le nom du propriétaire. Le titre nominatif qui lui est ensuite concédé n'est qu'un extrait de cette inscription.

Le législateur peut d'autant moins refuser cette faculté à ceux qui voudraient en user que, dans la plupart des cas, comme l'a dit M. Bonjean dans son rapport, sans trouver un contradicteur, il est hors d'état de protéger la propriété.

L'expérience devra porter sur un kilomètre carré, et si elle est décisive pour ce kilomètre, elle le sera aussi pour tous les autres, car tous les kilomètres carrés sont exactement les mêmes.

On choisira, par exemple, un terrain qui aura été le théâtre d'un grand nombre de mutations et de morcellements, et aura par suite nécessité deux opérations cadastrales.

On se reportera à la première de ces opérations et on établira, par la méthode que je propose, l'état complet de la propriété telle qu'elle existait alors, en y ajoutant toutes les charges. Puis on indiquera au fur et à mesure qu'ils se sont produits tous les changements, toutes les mutations, les hypothèques, les priviléges, les servitudes, tous les droits en un mot qui ont surgi ou ont été concédés, et de manière à arriver à la situation qu'aura constatée la seconde opération cadastrale.

On prendra ensuite chaque parcelle de terre, on la suivra dans ses diverses phases, dans le système que je propose et celui qui nous régit, et on verra, à chacune de ses phases, de quel côté est l'économie, la sécurité, la vérité, avec cette observation importante que le système proposé rend inutile la seconde opération cadastrale, puisque le cadastre sera constamment à jour, ce qui aura pour résultat de décharger définitivement l'Etat de l'énorme dépense du renouvellement du cadastre à laquelle il faudra bien se résigner tôt ou tard.

La même méthode pourra être appliquée aux divers systèmes qui ont été proposés : les résultats indiqueront ceux qui doivent obtenir la préférence ; il est impossible que l'un d'eux, soit seul, soit en le combinant avec un ou plusieurs autres, ne résolve pas la question.

C'est donc à l'expérimentation qu'il faut recourir. Ces discussions, qui remontent à Sully, ont assez duré.

Tout le monde sait que l'Académie des sciences a déclaré impossible l'application de la vapeur à la navigation et à la traction des locomotives sur les chemins de fer ; elle persisterait certainement encore dans cette opinion, si les faits n'étaient intervenus dans la discussion avec leur brutalité proverbiale et n'avaient fait aux objections une réponse sans réplique.

Il faut donc profiter des leçons de l'expérience ; c'est à l'expérimentation, à l'expérimentation seule qu'il faut recourir désormais.

XII.

Maintenant la solution de cette question est-elle assez importante pour provoquer toute votre sollicitude ?

Il semble véritablement oiseux d'insister à cet égard. Est-ce que chacun de vous n'est pas exposé d'un moment à l'autre à vendre, à acheter, à prêter ou à emprunter ? N'y a-t-il donc pas pour vous un intérêt de premier ordre à pouvoir faire ces opérations avec le plus de facilité et le plus de sécurité possibles. Je n'insisterai donc pas. Cependant les véritables besoins du crédit pour nos contrées m'ont paru tellement méconnus, que je ne puis résister au désir de consigner ici le résultat de mes observations.

Le gouvernement, en organisant le Crédit Foncier, a eu surtout en vue de faciliter les placements à long terme et il les a poussés jusqu'à l'extrême limite de cinquante ans. C'est sans doute un avantage qu'il y ait des prêts de toute nature et de manière à satisfaire toutes les convenances.

Cependant je me suis demandé souvent si au point de vue le plus général il y avait intérêt à encourager ce genre d'opérations. Plus la propriété sera endettée, plus elle sera dans la gêne. Cela est évident.

Il est un autre genre de prêt qui me paraît plus approprié à nos besoins et qui n'est organisé nulle part. C'est le prêt à court terme.

Les besoins du propriétaire sont de tous les jours. Ses revenus n'arrivent qu'à de longs intervalles, quelquefois même lui font complétement défaut. Il faudrait qu'en proportion des garanties qu'il peut offrir il eût constamment à sa disposition les sommes nécessaires soit pour attendre sa récolte, soit pour attendre le moment favorable à la vente, si les prix sont dépréciés, soit pour attendre l'année suivante, si la récolte lui fait défaut.

On me permettra d'invoquer à cet égard mon expérience. Il n'est pour ainsi dire pas de jour où je ne voie quelqu'un de mes clients les plus riches comme les plus pauvres, en quête d'une somme ordinairement peu importante pour faire face à une dépense imprévue ou à une dépense prévue, mais pour laquelle les fonds destinés à y faire face ont manqué.

Ce serait évidemment un grand avantage pour le propriétaire, s'il pouvait la trouver au moment où il en a besoin, mais ce serait aussi un grand avantage pour tous ceux qui traiteraient avec lui : le percepteur, l'ouvrier, le marchand, le notaire, le médecin, le capitaliste dont les intérêts seraient mieux servis, tout le monde en profiterait.

Pour cela, il faudrait qu'il y eût dans les départements et à des distances suffisamment rapprochées des institutions de crédit qui seraient le corollaire et la contrepartie des

Caisses d'épargne, qui fourniraient au propriétaire, au fur et à mesure de ses besoins, toutes les sommes qui lui seraient nécessaires, et en recevraient le remboursement au fur et à mesure de la vente de ses denrées.

Une fois la réponse hypothécaire opérée, il n'y aurait rien de plus facile que son organisation ; on pourrait la calquer exactement sur l'institution des Caisses d'épargne. Le propriétaire souscrirait un contrat d'obligation portant hypothèque, en échange duquel on lui délivrerait, comme pour les Caisses d'épargne, un livret sur lequel seraient inscrites les sommes par lui empruntées et remboursées, jusqu'à ce que la balance en faveur des premières aurait épuisé son crédit. En sorte que sans *frais* et *sans formalités* il aurait constamment à sa disposition toutes les sommes qui lui seraient nécessaires.

Le développement des heureuses conséquences de cette institution me mènerait trop loin. J'ai, du reste, à cause de leur grande importance, l'intention d'en faire l'objet d'un travail spécial, mais avec un peu de réflexion chacun de vous les appréciera.

XIII.

Voilà, Messieurs, les observations que je voulais vous soumettre; elles sont le fruit de vingt années d'études et de travaux incessants; je les recommande à votre attention.

J'espère qu'il me sera tenu compte de la difficulté de traiter en quelques pages un sujet dont les moindres parties, pour être traitées à fond, exigent des volumes. J'ai dù, par suite, omettre bien des considérations dont plusieurs puissantes et décisives.

Ainsi je suis convaincu que les seules conséquences de l'article 544 C. N. (la propriété est le droit de jouir et de disposer des choses de la manière la plus absolue), doivent amener infailliblement, avec la rigueur d'une démonstration mathématique, à l'adoption du principe qui fait la base du système proposé.

La vérité de ce principe m'a paru claire et évidente comme la lumière du jour. Ce n'est point une conception de l'homme, c'est une formule qu'il trouve toute gravée dans son cœur et qu'il applique partout. Vouloir organiser la propriété sans en tenir compte est une tentative condamnée à l'avance aussi sûrement que celle du téméraire qui, dans la construction d'une

machine, voudrait utiliser la force de la vapeur
sans tenir compte des lois qui la régissent.

Mais si ce principe nous offre, comme tout
ce qui émane du Créateur, le type de la per-
fection, il n'en est malheureusement pas de
même des moyens imaginés par l'homme pour
en faire l'application. Ils sont nécessairement dé-
fectueux. Je me garderai tout particulièrement
d'être affirmatif sur l'efficacité de celui que
je propose; l'expérience en décidera. Je me
croirais assez récompensé de mes efforts et de
ma persévérance si par l'expérience que je sollicite je contribuais à faire mettre au jour et à
faire prévaloir une méthode plus efficace et plus
sûre que celle que je propose.

Il ne faut pas vous laisser impressionner par
le peu d'autorité qui s'attache au nom du si-
gnataire de cette lettre. Lorsqu'il s'agit de
changer des habitudes invétérées, la science
n'est trop souvent qu'un guide trompeur.

Le fusil à aiguille, qui vient d'acquérir tant
de célébrité, a été dédaigné par nos officiers,
qui sont cependant instruits autant que braves,
ce qui n'est pas peu dire, et tourné en ridicule
par le journal la *Sentinelle,* qui ce jour-là, il
faut bien le dire, ne fit pas preuve d'une
grande vigilance. Il est certain qu'une commis-

sion composée de jurisconsultes n'eût pas hésité un instant et eût, à l'unanimité, donné la préférence au fusil qui tirait six coups par minute sur celui qui n'en tirait qu'un seul.

Pour faire comprendre à nos officiers une chose si simple, il n'a fallu rien moins que les grands événements qui viennent de se produire en Allemagne.

Cet exemple, ajouté à tant d'autres, ne doit pas être perdu. Vous ne pouvez, sans imprudence, abandonner exclusivement aux hommes spéciaux, quel que puisse être leur savoir, le soin de résoudre la question qui nous occupe. « Expérience passe science, » dit le proverbe. C'est à l'expérience qu'il faut recourir.

Si je n'ai pas réussi à vous convaincre, et je sens que trop souvent les expressions ne répondent pas à l'énergie de mes convictions, il ne me reste plus qu'à remercier ceux d'entre vous qui ont eu la patience de pousser la lecture jusqu'au bout et à les prier d'agréer avec mes remercîments mes sincères excuses.

Mais si j'ai été assez heureux pour vous faire partager mes idées, votre devoir est de m'accorder tout votre concours pour les faire triompher. Vous devez demander avec instance que l'épreuve que je sollicite soit faite.

Permettez-moi donc de vous confier ainsi le soin de compléter et de faire juger mon œuvre. Je n'invoquerai pas auprès de vous les longs travaux que j'y ai consacrés, mais uniquement l'importance des questions qui s'y rattachent et où votre fortune, l'avenir de vos enfants, peuvent se trouver d'un moment à l'autre engagés et compromis.

TRÉMOULET,

NOTAIRE.

Villeneuve-sur-Lot, 15 Juillet 1866.

9 782329 274997